Bibliografische Information der Deutschen Nationalbibliothek:

Die Deutsche Bibliothek verzeichnet diese Publikation in der Deutschen Nationalbibliografie; detaillierte bibliografische Daten sind im Internet über http://dnb.d-nb.de/ abrufbar.

Impressum:

Druck und Bindung: Books on Demand GmbH, Norderstedt Germany
ISBN: 9783668833326

Dieses Buch bei GRIN:

https://www.grin.com/document/448212

Emre Civelek

Studien zur Tandem Cycloisomerisierung-Hydroalkoxylierung von Pent-4-in-1-ol Derivaten

GRIN Verlag

Bachelorarbeit

Technische Universität Dortmund
Fakultät Chemie und Chemische Biologie
Lehrstuhl für Organische Chemie II

Studien zur Tandem Cycloisomerisierung-Hydroalkoxylierung von Pent-4-in-1-ol Derivaten

Vorgelegt von
Emre Civelek

Dortmund, August 2016

Danksagung

Herrn Prof. Dr. Norbert Krause danke ich herzlich für die Aufnahme in seinem Arbeitskreis und für die Möglichkeit meine Bachelorarbeit am Lehrstuhl für Organische Chemie verfassen zu dürfen.

Ebenfalls bedanke ich mich herzlich bei Frau Dr. Alexandra Behler für die Übernahme der Zweitgutachterin.

Meiner Betreuerin M. Sc. Anja Wiegand danke ich für das Thema und für die Unterstützung während der gesamten Bachelorarbeit. Innerhalb dieser Zeit habe ich meine Kenntnisse in der Praxis und der Theorie erweitert und auch hierfür möchte ich vielen Dank sagen.

Ich danke allen Doktoranden und Studenten innerhalb des Arbeitskreises für das angenehme und freundliche Arbeitsklima.

Meinen Eltern Sevki und Nazikar Civelek, sowie meinen Geschwistern Merve, Elif und Ela-Nur danke ich für den ständigen Rückhalt im Studium. Außerdem bedanke ich mich bei meiner Schwiegermutter Emine Köseoglu und meinen Schwägerinnen Yadigar und Yeliz Varli, welche mich vom Alltagsstress ablenken konnten.

Ein ganz besonderer Dank geht an meine Ehefrau Yasemin Civelek, welche mit mir durch dick und dünn gegangen ist. Vielen Dank, dass du immer für mich da bist.

Meinen Kommilitonen Christian Heider und Matthias Mawick danke ich für die tolle Zeit innerhalb des Studiums. Nicht zuletzt bedanke ich mich bei meinem Chemielehrer Herrn Peter Grigori, durch dessen Unterricht ich geprägt wurde.

Abkürzungsverzeichnis

Die im Text hochgestellten arabischen Ziffern deuten auf Literaturverweise hin. Die folgenden Abkürzungen wurden im Text und in den Formelzeichnungen verwendet:

AAV	Allgemeine Arbeitsvorschrift
abs.	absolut
aq.	wässrig
Ar	Aryl
CH	Cyclohexan
DC	Dünnschichtchromatographie
EA	Ethylacetat
Et	Ethyl
eq.	Äquivalente
g	Gramm
GC	Gaschromatographie
ges.	gesättigt
h	Stunden
*i*Pr	Isopropyl
IR	Infrarotspektroskopie
kat.	katalytisch
Me	Methyl
min	Minuten
mL	Milliliter
mmol	Millimol
p-TsOH	*para*-Toluolsulfonsäure
RT	Raumtemperatur
T	Temperatur
t	Zeit
TON	Turnovernumber
THF	Tetrahydrofuran

Inhaltsverzeichnis

1. Einleitung und Problemstellung

1.1 Einleitung

Die intramolekulare Hydroalkoxylierung von Alkinolen kann für die Herstellung von Sauerstoffheterocyclen genutzt werden. Der Begriff Hydroalkoxylierung definiert die Addition eines Alkohols an eine C-C-Mehrfachbindung, bei der Ether als Produkte erhalten werden.[1,2] Die Tandem Cycloisomerisierung-Hydroalkoxylierung von Alkinolen bietet in Gegenwart eines Gold-Präkatalysators, einer Brønsted-Säure und einem Alkohol einen effizienten Weg zu Tetrahydrofuranylethern unter milden Bedingungen. In Schema 1 ein Beispiel anhand eines Homopropargylakohols zu einem Tetrahydrofuranylether dargestellt.[3]

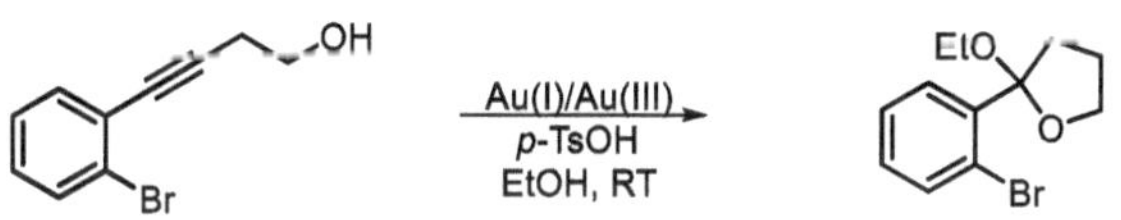

Schema 1: Gold-katalysierte Tandem Cycloisomerisierung-Hydroalkoxylierung vom Homopropargylalkohol zum Tetrahydrofuranylether.[3]

In der organischen Chemie bildet die Verbindungsklasse der Heterocyclen ein breitgefächertes Gebiet, welche nach der Art und Anzahl der Heteroatome sowie nach der Ringgröße geordnet werden können. Die Natur bietet eine Vielzahl von heterocyclischen Verbindungen, welche wichtige Funktionen in biologischen Prozessen besitzen und deshalb das Interesse der chemischen Industrie wecken. Dazu gehören beispielsweise die drei essentiellen Aminosäuren Prolin, Histidin und Tryptophan (Abbildung 1).[4,5] Heterocyclische Strukturen sind unter anderem in Arzneimitteln, Pflanzenschutzmitteln und Farbstoffen wiederzufinden. Die vielfältigen Eigenschaften von Heterocyclen können dadurch erklärt werden, dass

[1] K. Tani, Y. Kataoka, *Catalytic heterofunctionalization,* Wiley-VCH, Weinheim **2001**, 171.
[2] C. J. Weiss, T. J. Marks, *Dalton Trans.* **2010**, *39*, 6576–6588.
[3] V. Belting, N. Krause, *Org. Lett.* **2006**, *8*, 4489 - 4492.
[4] H. Beyer, W. Walter, *Lehrbuch der Organischen Chemie,* 23. Auflage, Hirzel Verlag, Stuttgart **1998**.
[5] K. Munk, *Biochemie – Zellbiologie*, Georg Thieme Verlag, Stuttgart **2008**, S. 125.

unterschiedliche funktionelle Gruppen eingebaut werden können und diese zu unterschiedlichen Eigenschaften des Moleküls führen. So können die Acidität, Basizität, Polarität oder auch die Reaktivität der Heterocyclen beeinflusst werden.[6,7]

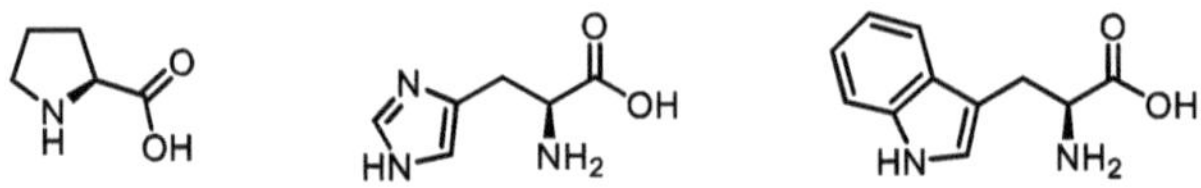

Abbildung 1: L-Prolin, L-Histidin und L-Tryptophan.[5]

1.2 Problemstellung

Das Ziel dieser Bachelorarbeit ist es, durch die Gold-katalysierte Tandem Cycloisomerisierung-Hydroalkoxylierung unterschiedliche Pent-4-in-1-ol Derivate zu cyclisieren, um somit einen effizienten und selektiven Zugang zu unterschiedlich substituierten Tetrahydrofuranylethern zu erhalten (Schema 2).

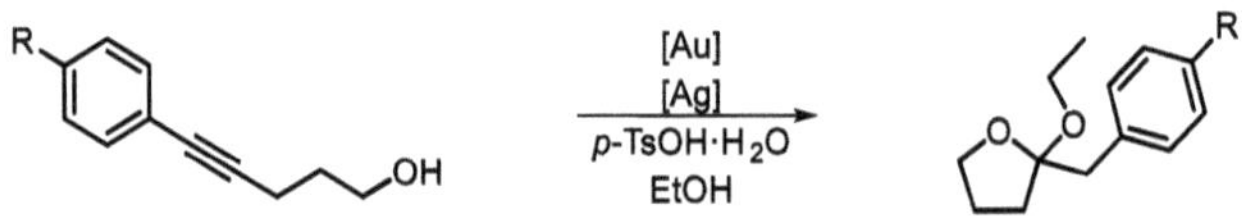

Schema 2: Gold-katalysierte Tandem Cycloisomerisierung-Hydroalkoxylierung von unterschiedlichen substituierten Pent-4-in-1-ol Derivaten zu Tetrahydrofuranylethern.

Die für die Tandem Cycloisomerisierung-Hydroalkoxylierung benötigten Alkinole werden über eine SONOGASHIRA-Kupplungsreaktion nach KRAUSE *et al.*[8] mit Pent-4-in-1-ol und verschiedenen Arylhalogeniden hergestellt. Im Rahmen dieses Projektes sollte untersucht werden, welchen Einfluss der mesomere Effekt *para*-positionierter Substituenten am Aromaten auf die Cycloisomerisierungsreaktionen haben.

[6] B. H. Lipshutz, *Chem. Rev.* **1986**, *86*, 795 – 819.
[7] M. Shipman, *Contemp. Org. Synth.* **1995**, *2*, 1 – 17.
[8] S. Thorand, N. Krause, *J. Org. Chem.* **1998**, *63*, 8551 – 8553.

2. Allgemeiner Teil

2.1 Sonogashira-Kupplung

Die SONOGASHIRA-Kupplung bietet eine Möglichkeit, Dreifachbindungen in ein Molekül einzuführen. Sie baut auf den Arbeiten von STEPHENS und CASTRO[9] sowie auf den Arbeiten von DIECK und HECK auf.[10] In Gegenwart von Kupfer(I)-iodid und einem Palladiumkatalysator wie beispielsweise dem $Pd(PPh_3)_2Cl_2$ werden Aryl- und Alkylhalogenide mit terminalen Alkinen umgesetzt. Die Basen Triethylamin, Diethylamin und Piperidin werden hierbei als Lösungsmittel eingesetzt (Schema 3).[11,12]

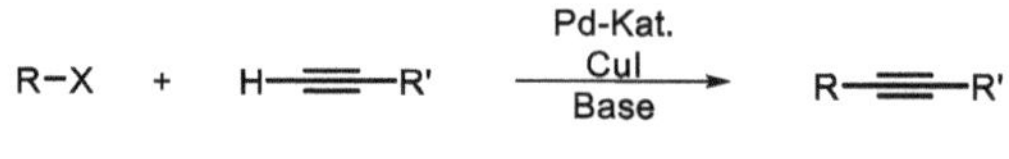

Schema 3: SONOGASHIRA-HAGIHARA-Kupplung.[12]

In Schema 4 ist der mechanistische Verlauf der SONOGASHIRA-Kupplung dargestellt.

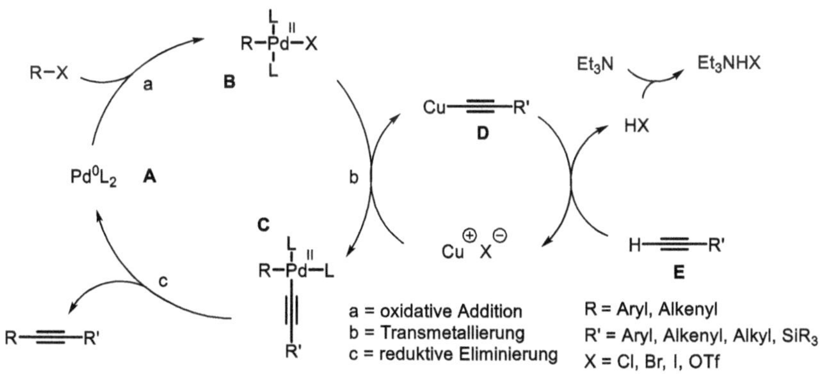

Schema 4: Vorgeschlagener Katalysecyclus der SONOGASHIRA-Kupplung.[12]

---

[9] R. D. Stephens, C. E. Castro, *J. Am. Chem. Soc.* **1963**, *28*, 3313.
[10] H. A. Dieck, F. R. Heck, *J. Organomet. Chem.* **1975**, *93*, 259.
[11] N. Hagihara, Y. Tohda, K. Sonogashira, *Tetrahedron Lett.* **1975**, 4467.
[12] K. Sonogashira, *J. Organomet. Chem.* **2002**, *653*, 46.

Zu Beginn reagiert die Palladium(0)-Spezies **A** über eine oxidative Addition mit dem Aryl- oder Alkenylhalogenid zu einem Palladium(II)-Komplex **B**. Im nächsten Schritt findet eine Transmetallierung statt. Dabei nimmt Triethylamin das Proton des terminalen Alkins **E** und das Gegenanion des Kupfers auf. Das gebildete Kupferacetylid **D** reagiert mit dem Palladium-Komplex, sodass das Kupferhalogenid regeneriert und die Alkingruppe auf den Palladium(II)-Komplex **C** übertragen wird. Im letzten Schritt erfolgt eine reduktive Eliminierung, bei der das alkinylierte Produkt gebildet und die Palladium(0)-Spezies zurückgewonnen wird.[12]

Zahlreiche Arbeiten wurden auf Basis der SONOGASHIRA-Kupplung veröffentlicht.[8,13,14] In Schema 5 ist die Arbeit von N. KRAUSE und S. THORAND dargestellt.

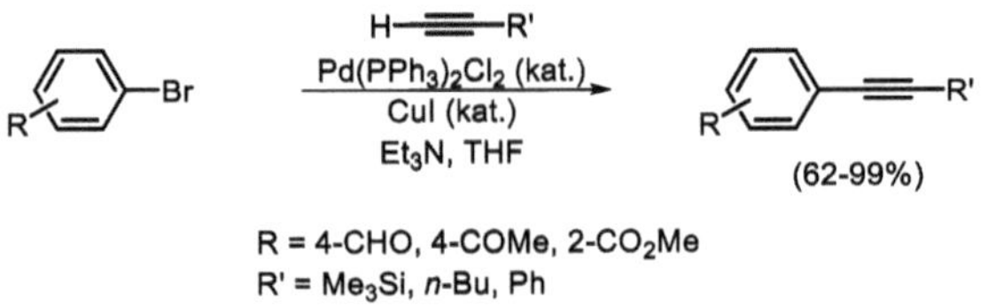

Schema 5: SONOGASHIRA-Kupplunsgreaktionen nach KRAUSE und THORAND.[8]

Dabei wurden unterschiedliche Arylbromide mit Alkinen durch Einsatz des $Pd(PPh_3)_2Cl_2$ Katalysators und Kupfer(I)-iodid untersucht. Als Lösungsmittel wurde Triethylamin und Tetrahydrofuran verwendet. Durch die zusätzliche Nutzung von THF wurde eine leichtere Aufarbeitung geschaffen und es konnten höhere Ausbeuten erzielt werden. (Schema 5).[8]

[13] T. Hundettmark, A.F. Littke, S.L. Buchwald, *Org. Lett.* **2000**, 2, 1729.
[14] V. Grosshenny, F.M. Romero, R. Ziessel, *J. Org. Chem.* **1997**, *62*, 1491.

2.2 Goldkatalyse

Eine lange Zeit über galt Gold im Bereich der Katalyse als inaktiv.[15] Erst gegen Ende des 20. Jahrhunderts fand Gold Anwendung in der Katalyse.[16,17] Neben den klassischen Übergangsmetallkatalysatoren wie Palladium, Rhodium und Platin spielen mittlerweile Goldkatalysatoren eine wichtige Rolle in der homogegen und heterogenen Katalyse. In der homogenen Katalyse wird es in Form von Gold(I)- und Gold(III)-Verbindungen vertreten und in der heterogenen Katalyse, findet die Reaktion an der Goldoberfläche statt.[18] Über die erste wichtige Anwendung von Gold in der homogenen Katalyse berichteten Y. ITO *et al.* im Jahr 1986. Durch eine asymmetrische Aldolreaktion wurde aus Isocyanoacetat und Aldehyden in Anwesenheit eines chiralen Ferrocenylphosphin-Gold(I)-Komplexes *trans*- und *cis*-Oxazoline gewonnen.[19]

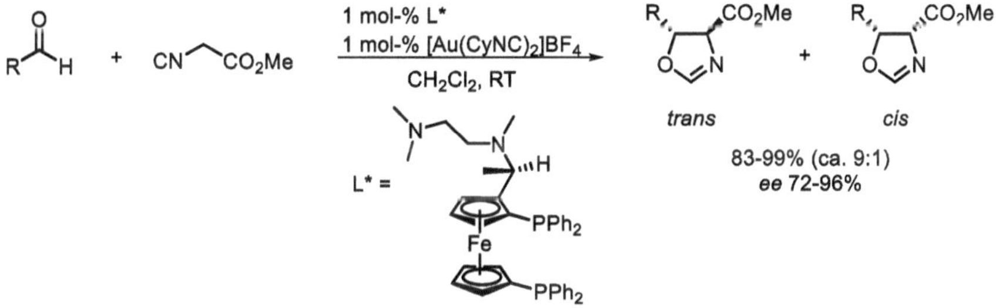

Schema 6: Erste Anwendung von Goldkatalysatoren in der homogenen Katalyse.[19]

Heutzutage gibt es viele Möglichkeiten, einfache Goldkatalysatoren zu synthetisieren. Goldkatalysatoren bieten als weiche, carbophile Lewis-Säuren die Möglichkeit, Reaktionen zwischen nicht-aktivierten C=C-Doppel- oder C≡C-Dreifachbindungen und einem Nucleophil zu katalysieren.[20]

[15] G. Dyker, *Angew. Chem.* **2000**, *112*, 4407 – 4409.
[16] G. J. Hutchings, *J. Catal.* **1985**, *96*, 292 – 295.
[17] Y. Fukuda, K. Utimoto, *J. Org. Chem.* **1991**, *56*, 3729 – 3731.
[18] N. Nishina, Y. Yamamoto, *Angew. Chem. Int. Ed.* **2006**, *45*, 3314 – 3317.
[19] Y. Ito et al., *J. Am. Chem. Soc.* **1986**, *108*, 6405 – 6406.
[20] M. Pernpointner, A. S. K. Hashmi, *J. Chem. Theory Computation* **2009**, *5*, 2717 – 2725.

In Schema 7 ist ein allgemeiner Mechanismus für die Gold-katalysierte Addition eines Nucleophils an ein Alkin dargestellt.

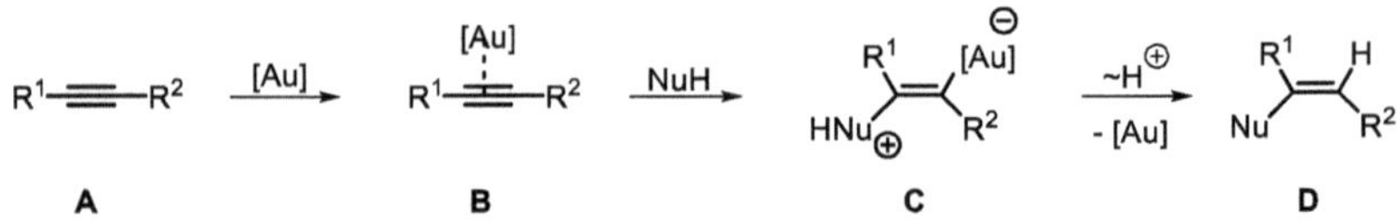

Schema 7: Mechanistische Verlauf der Gold-katalysierten nucleophilen Addition an Alkine.[21]

Als starker σ-Donor und schwacher π-Akzeptor[21,22] geht das Alkin **A** eine Wechselwirkung mit dem Goldkomplex ein, welche zur Bildung eines π-Komplexes **B** führt. Durch den Entzug der Elektronendichte an der C≡C-Dreifachbindung entsteht eine erhöhte Elektrophilie, welche durch eine erhöhte Bindungslänge im Vergleich zum freien Alkin in Röntgenkristallstrukuren nachgewiesen werden konnte.[23,24] Anschließend folgt eine inter- oder intramolekulare Addition des Nucleophils in *anti*-Stellung zum Gold, wodurch die Vinylgoldspezies **C** erhalten wird. Nach Protodeaurierung bildet sich das Alken **D** und der Goldkatalysator wird zurück gewonnen.[25]

Goldkatalysatoren bieten im Vergleich zu anderen Übergangsmetallkatalysatoren den Vorteil, dass sie weniger toxisch sind und eine kinetisch labile C-Au-Bindung besitzen, die leicht bricht und somit eine hohe TON (Turnovernumber) bietet. Durch die schwach ausgeprägte Oxophilie sind Goldkomplexe bei den meisten Reaktionen tolerant gegenüber Wasser, Sauerstoff und Alkoholen und ermöglichen das Arbeiten ohne inerte Bedingungen.[26]

[21] H. Schwarz *et al.*, *J. Phys. Chem.* **1996**, *100*, 12253 – 12260.
[22] M. S. Nechaev, V. M. Rayon, G. Frenking, *J. Phys. Chem.* **2004**, *108*, 3134 – 3142.
[23] R. M. Davila, R. J. Staples, J. P. Fackler, *Organometallics* **1994**, *13*, 418 – 420.
[24] P. Schulte, U. Behrens, *Chem. Commun.* **1998**, 1633 – 1634.
[25] R. Casado, M. Contel, M. Laguna, P. Romero, S. Sanz, *J. Am. Chem. Soc.* **2003**, *125*, 11925 – 11935.
[26] P. S. Nolan, *Nature* **2007**, *445*, 496.

2.2.1 Gold-katalysierte Cycloisomerisierung

Gold-katalysierte Reaktionen werden in den verschiedensten Bereichen der organischen Chemie genutzt. Ein wichtiger Bestandteil ist die Cycloisomerisierung, welche die Bildung neuer C-C- und C-Heteroatombindung ermöglicht. Im Vergleich zu anderen Additionsreaktionen, wie beispielsweise Radikalreaktionen, laufen Cycloisomerisierungen oftmals unter milden Bedingungen ab. Außerdem werden sehr hohe Ausbeuten erhalten.[27] Ein Beispiel stellt die Gold-katalysierte Cycloisomerisierung von *α*-Hydroxyallenen zu 2,5-Dihydrofuranen dar (Schema 8).[28]

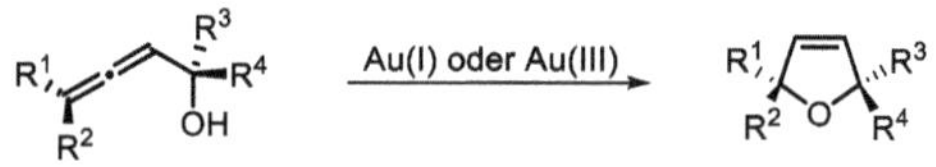

Schema 8: Gold-katalysierte Cycloisomerisierung von α-Hydroxyallenen zu 2,5-Dihydrofuranen.[28]

Diese Reaktion findet auch Anwendung in der Naturstoffsynthese (Schema 9). So ist die Gold-katalysierte Cycloisomerisierung eines Allens der Schlüsselschritt in der Synthese des (2S, 5R)-(+)-Linalooloxid.[29]

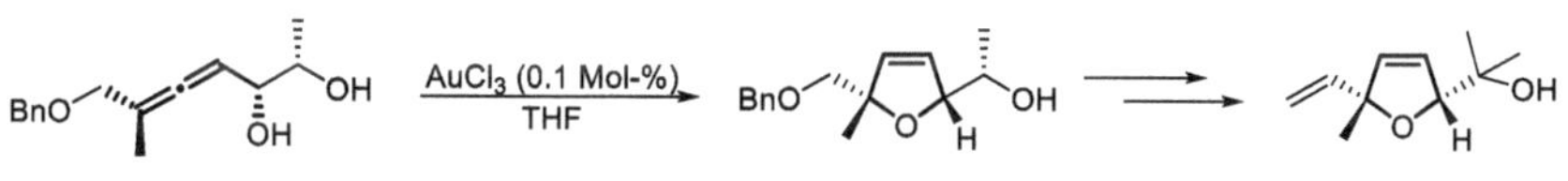

Schema 9: Ein wichtiger Teil der Synthese von (2S, 5R)-(+)-Linalooloxid.[28]

[27] V. Belting, *Dissertation*, TU Dortmund, **2011**.
[28] F. Volz, S. H. Wadman, A. Hoffmann-Röder, N. Krause, *Tetrahedron* **2009**, *65*, 1902 - 1910.

Der mechanistische Verlauf der Gold-katalysierten Cycloisomerisierungsreaktion von α-Hydroxyallenen ist in Schema 10 dargestellt.

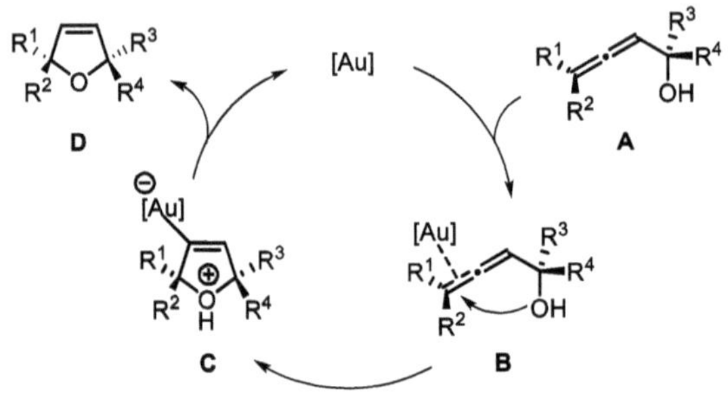

Schema 10: Katalysecyclus der Tandem-Cycloisomerisierung-Hydroalkoxylierung von Homopropargylalkoholen.[29]

Zu Beginn bildet das Allen **A** mit dem Goldkatalysator einen π-Komplex **B**, wodurch der intramolekulare Anrgiff des Sauerstoffs ermöglicht wird. Dadurch wird der σ-Goldkomplex **C** erhalten, welcher anschließend durch Protodeaurierung das gewünschte 2,5-Dihydrofuran **D** bildet. Gleichzeitig wird der Katalysator regeniert und kann weitere Katalysecyclen durchlaufen.[29]

2.2.2 Tandem-Gold-Katalyse

Neben Cycloisomerisierungsreaktionen und Hydroalkoxylierungen finden Gold-Katalysatoren auch Anwendung in Tandem-Reaktionen. Unter dem Begriff Tandem-Reaktion (auch Domino- oder Kaskaden-Reaktion) ist ein Prozess mit zwei oder mehr nacheinander ablaufenden intramolekularen Transformationen definiert, in denen die jeweils nachfolgende Reaktion an den im vorherigen Schritt gebildeten Funktionalitäten erfolgt. Diese besondere Kombination bietet mehrere Vorteile. Zum einen ist die Entstehung von Abfallprodukten gering, da die genutzten Reagenzien

[29] L. Lempke, *Dissertation*, TU Dortmund, **2016**.

vollständig reagieren. Außerdem kann an Lösungsmittel und Zeit gespart werden, da die Aufarbeitung entfällt.[30,31]

Tandem-Reaktionen können in die sechs Bereiche Nucleophile-, Elektrophile-, Radikalische-, Pericyclische-, Enzymkatalysierte- und Übergangsmetallkatalysierte-Reaktion unterteilt werden. Y. TOKIMIZU *et al.* untersuchte 2015 die Gold-katalysierten Tandem-Cyclisierung von 2-Alkinyl-*N*-propargylanilinen. In Schema 11 ist die Reaktion des 2-Alkinyl-*N*-propargylanilin **A** zu dem entsprechenden Cyclisierungs-produkt **B** dargestellt.

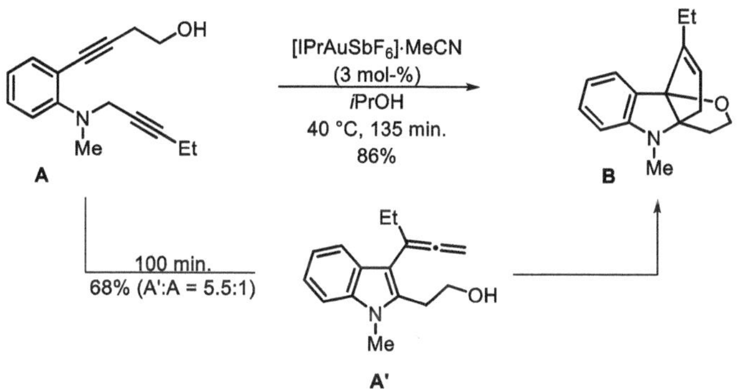

Schema 11: Gold-katalysierte Tandem-Cyclisierung von 2-Alkynyl-N-propargylanilinen. [32]

Das gewünschte Produkt **B** wurde nach 135 min mit 86% Ausbeuten erhalten, wohingegen das Intermediat **A'** nach 100 min mit einer Ausbeute von 68% isoliert werden konnte. [32]

---

[30] K. C. Nicolaou, D. J. Edmonds, P. G. Bulger, *Angew.Chem.* **2006**, *118*, 7292 – 7344.
[31] L. F.Tietze, U. Beifuss, *Angew.Chem.* **1993**, *105*, 137 – 170.
[32] Y. Tokimizu *et al.*, *Angew. Chem. Int. Ed.* **2015**, *54*, 7862 – 7866.

3. Ergebnisse und Diskussion

3.1 Synthese der Pent-4-in-1-ol Derivate

Für die Studien der Tandem Cycloisomerisierung-Hydroalkoxylierung mussten zunächst die unterschiedlich substituierten Pent-4-in-1-ol Derivate hergestellt werden. Für die Darstellung von Methyl-4-iodbenzoat wurde zunächst aus *p*-Iodbenzoesäure mit Methanol unter sauren Bedingungen verestert. Bei Raumtemperatur konnte nach 24 h **01** in einer Ausbeute von 94% isoliert werden (Schema 12).

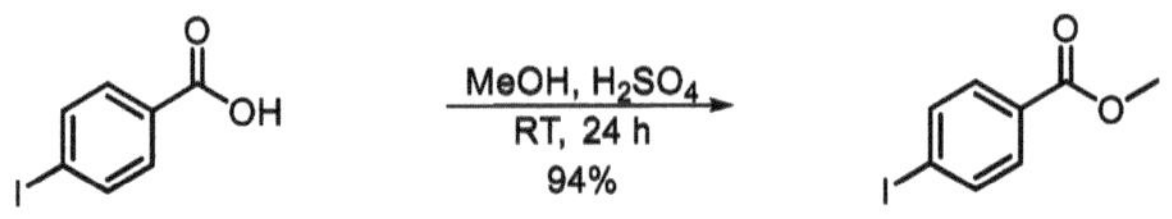

01

Schema 12: Synthese von Methyl-4-iodbenzoat **01**.

Als nächstes wurden jeweils 4-Iodanisol, Methyl-4-iodbenzoat und 1-Iod-4-nitrobenzol mit dem terminalem Alkin Pent-4-in-1-ol über die SONOGASHIRA-Kupplung zu den Alkinolen **02** – **04** umgesetzt. Die Ergebnisse sind in Tabelle 1 dargestellt.

Tabelle 1: Sonogashira-Kupplungsreaktionen von Pent-4-in-1-ol und Aryliodiden.

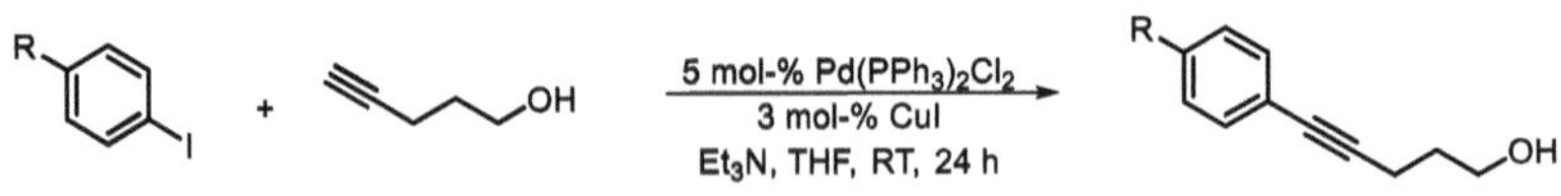

Eintrag	R	Produkt	Ausbeute [%]
1	OMe	**02**	64
2	CO_2Me	**03**	96
3	NO_2	**04**	77

Das Produkt **03** wurde mit einer guten Ausbeute von 96% erhalten. Produkt **04** ergab eine Ausbeute von 77%. Für **02** konnte eine Ausbeute von 64% erzielt werden.

Es war möglich verschiedene Pent-4-in-1-ol Derivate in guten Ausbeuten darzustellen, welche im Anschluss in einer Tandem Cycloisomerisierung-Hydroalkoxylierung umgesetzt wurden.

3.2 Tandem Cycloisomerisierung-Hydroalkoxylierung

Im Folgenden Abschnitt wurde die Tandem Cycloisomerisierung-Hydroalkoxylierung verschiedener Pent-4-in-1-ol Derivate untersucht. Im ersten Schritt wurde der Einfluss *para*-positionierter Substituenten am Aromaten auf die Reaktion getestet. Dazu wurden zwei Alkinole mit -M-Effekt, zwei mit +M-Effekt und ein Alkinol ohne mesomeren Effekt am Aromaten eingesetzt. Die Reaktion wurde zunächst unter Verwendung von PPh_3AuCl, AgOTf und *p*-Toluolsulfonsäuremonohydrat als Brønsted-Säure durchgeführt. Als Lösungsmittel und zugleich Nucleophil wurde Ethanol verwendet. In Tabelle 2 sind die Ergebnisse der Tandem Cycloisomerisierung-Hydroalkoxylierung dargestellt.

Tabelle 2: Substrat-Screening.

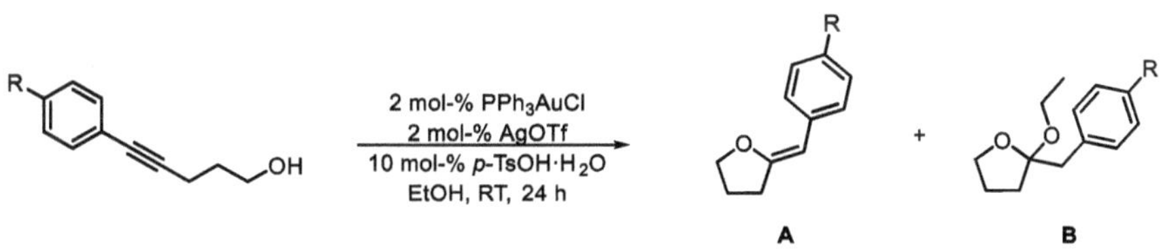

Eintrag	R	Produkt	A:B [%][a]
1	H	**05**	20:80
2	CN	**06**	81:19
3	NO_2	**07**	87:13
4	OMe	**08**	53:47
5	Br	**09**	51:49

[a] Ermittelt über GC

Unter milden Bedingungen konnten nach 24 h die Wunschprodukte **05B – 09B** zwar hergestellt werden, jedoch wurden die Nebenprodukte **05A – 09A** ebenfalls erhalten. Die Verhältnisse der Produkte **A** und **B** stellen eine eindeutige Tendenz dar. Während das Additionsprodukt **05B** mit einem Verhältnis von 20:80 isoliert wurde (Eintrag 1), konnten die Produkte der Alkinole mit +M-Effekt (Eintrag 4 und 5) mit einem gleichmäßigen Verhältnis erhalten werden. Für die Pent-4-in-1-ol Derivate mit -M-Effekt (Eintrag 2 und 3) wurden zum größten Teil Doppelbindungsprodukte **06A** und **07A** gebildet. Der vorgeschlagene Mechanismus für die Cycloisomerisierung-Hydroalkoxylierung erläutert die Bildung des Doppelbindungsproduktes **A** und ist in Schema 13 dargestellt.

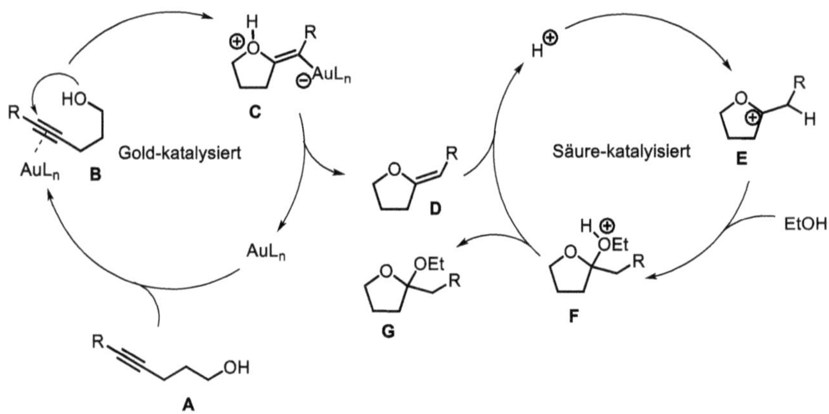

Schema 13: Vorgeschlagener Mechanismus für die Tandem Cycloisomerisierung-Hydroalkoxylierung.[3]

Im ersten Gold-katalysierten Cyclus wird die Dreifachbindung von **A** durch den Gold-Katalysator aktiviert wird. Der entstehende π-Komplex **B** ermöglicht die intramolekulare Addition des Alkohols an die Dreifachbindung und ergibt den σ-Komplex **C**. Durch die darauffolgende Protodeaurierung wird das Doppelbindungsprodukt **D** erhalten, welches im zweiten Säure-katalysierten Cyclus protoniert (E) und vom Ethanol nucleophil angegriffen wird. Das Intermediat **F** wird anschließend deprotoniert und das gewünschte Additionsprodukt **G** wird erhalten.

Um die Bildung der Nebenprodukte **A** zu minimieren, wurden die Reaktionen der Alkinol Derivate 5-Phenylpent-4-in-1-ol und 4-(5-Hydroxypent-1-in-1-yl)benzonitril (Eintrag 1 und 2) durch Änderung der Reaktionsparameter versucht zu optimieren. Zunächst wurde hierzu die Reaktion bei höheren Temperaturen durchgeführt. Die Ergebnisse sind in Tabelle 3 aufgelistet.

Tabelle 3: Temperatur-Screening.

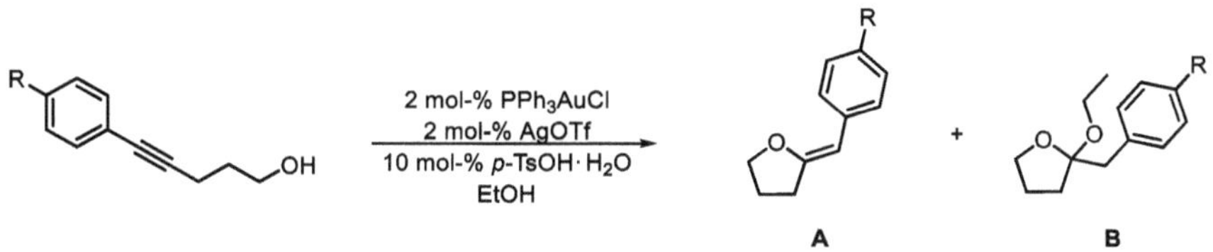

Eintrag	R	T	*t*	Produkt	A:B [%][a]
1	H	RT	24 h	**05**	20:80
2	CN	RT	24 h	**06**	81.19
3	H	50 °C	24 h	**05**	35:65
4	CN	50 °C	5 min	**06**	35:65

[a] Ermittelt über GC

Bei 50 °C wurde festgestellt, dass **05** (Eintrag 3) bei derselben Reaktionszeit ein Verhältnis zu Gunsten des Doppelbindungsprodukt **A** erhalten wird. Im Gegensatz dazu konnte die Reaktion mit dem Nitrilrest (Eintrag 4) innerhalb von fünf Minuten beendet werden (DC-Kontrolle) und das Gleichgewicht wurde durch die Erhöhung der Temperatur auf die Seite des Additionsprodukt **B** verschoben.

Da eine Erhöhung der Temperatur nicht zur ausschließlichen Bildung der gewünschten Produkte **05B** und **06B** führte, wurde im Folgenden der verwendete Gold-Katalysator ausgetauscht. Anstatt des PPh_3AuCl wurde der NHC-Gold-Komplex **AW-III** (Abbildung 2) verwendet. Bei dem von M. SC. ANJA WIEGAND hergestellten **AW-III** Katalysator handelt es sich um einen ungesättigten glucosebasierten *N*-Heterocyclischen Carben-Goldkomplex. Der wesentliche Unterschied dieser beiden Katalysatoren liegt darin, dass die Substituenten der NHCs an den äußeren

Stickstoffatomen gebunden sind, wohingegen bei Phosphin-Liganden die Substituenten direkt am Donoratom gebunden sind.[33]

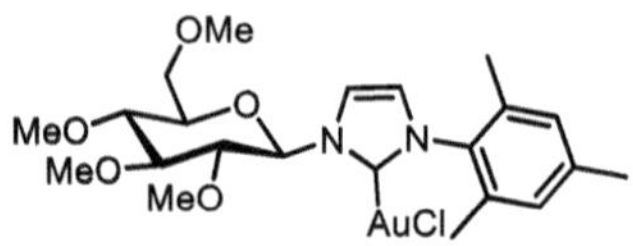

Abbildung 2: Goldkatalysator AW-III.

Durch ihre ausgeprägte σ-Donorstärke können NHCs an Metalle, welche zu keiner π-Rückbindung fähig sind, binden, da die freien Elektronenpaar-delokalisierungen am Stickstoff keine Rückbindung vom Metall benötigen.[34] Daraus resultiert, dass NHCs in der Lage sind thermodynamisch stabile Komplexe mit katalytisch aktiven Metallen wie Palladium oder dem Gold zu bilden. Hinzu kommt, dass im Gegensatz zu Phosphinkomplexen NHC-Komplexe stabil gegenüber Hitze, Luft und Feuchtigkeit sind.[35] Die Ergebnisse des Katalysator-Screenings sind in Tabelle 4 dargestellt.

Tabelle 4: Katalysator-Screening.

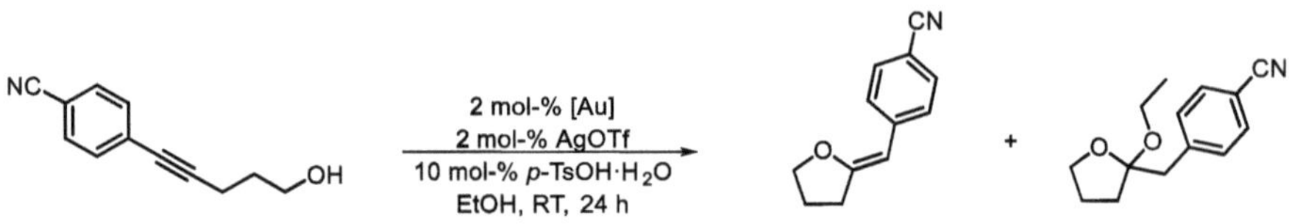

06A **06B**

Eintrag	[Au]	**A:B** [%][a]
1	PPh_3AuCl	81:19
2	AW-III	8:92

[a] Ermittelt über GC

[33] L. Cavallo, A. Correa, C. Costabile, H. Jacobsen, *J. Organomet. Chem.* **2005**, *690*, 5407 – 5413.
[34] K. Öfele, C. G. Kreiter, *Chem. Ber.* **1972**, *105*, 529.
[35] W. Kirmse, *Angew. Chem.* **2010**, *122*, 8980 – 8983.

Während bei der Reaktion mit PPh_3AuCl hauptsächlich das Doppelbindungsproduktes **A** gebildet wurde (Eintrag 1), konnte durch Verwendung von **AW-III** als Katalysator ein Verhältnis von 8:92 für das gewünschte Additionsprodukt **B** erhalten werden (Eintrag 2). Aufgrund dieser erfolgreichen Erkenntnis wurde im weiteren Verlauf nur noch **AW-III** als Katalysator eingesetzt.

Eine weitere Optimierung war der Einsatz unterschiedlicher Silbersalze. Neben dem zu Beginn genutzten AgOTf, wurden Reaktion mit $AgSbF_6$ und $AgBF_4$ durchgeführt. Hierzu wurde zunächst **06**, welches mit einer Nitril-Gruppe einem -M-Substituenten am Aromaten trägt zur optimierung der Reaktion eingesetzt. Die Ergebnisse sind in Tabelle 5 zusammengefasst.

Tabelle 5: Silbersalz-Screening mit 4-(5-Hydroxypent-1-in-1-yl)benzonitril.

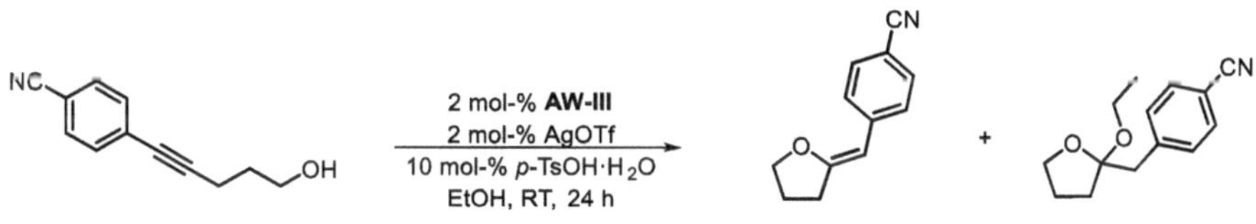

Eintrag	[Ag]	A:B [%][a]
1	AgOTf	8:92
2	$AgSbF_6$	7:93[b]
3	$AgBF_4$	12:88
4	-	26:74

[a] Ermittelt über GC, [b] Reaktionszeit: 1 h

Für die Reaktionen lieferte das Silbersalz $AgSbF_6$ (Eintrag 2) mit einem Produktverhältnis von 7:93 zu Gunsten des Additionsproduktes **B** die besten Resultate. Außerdem konnte die Reaktionszeit auf eine Stunde verkürzt werden. Neben AgOTf (Eintrag 1) konnte auch $AgBF_4$ (Eintrag 3) erfolgreich eingesetzt werden. Auch die Reaktion ohne Silbersalz (Eintrag 4) ergab mit einem Verhältnis von 26:74 das gewünschte Produkt.

Gleiche Versuche wurden mit dem 5-Phenylpent-4-in-1-ol, welches keinen mesomeren Effekt am Aromaten aufweist, durchgeführt. Die Ergebnisse sind in Tabelle 6 aufgelistet.

Tabelle 6: Silbersalz-Screening mit 5-Phenylpent-4-in-1-ol.

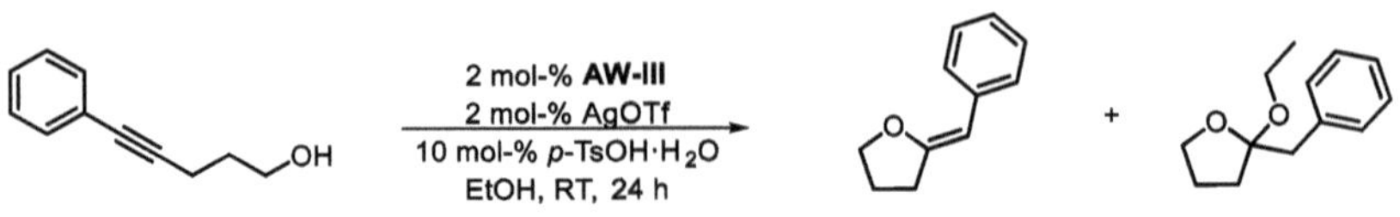

05A **05B**

Eintrag	[Ag]	A:B [%][a]
1	AgOTf	B >99%[b]
2	$AgSbF_6$	18:82
3	$AgBF_4$	B >99%[c]
4	-	31:69

[a] Ermittelt über GC, [b] isolierte Ausbeute: 95%, [c] isolierte Ausbeute: 90%

Die besten Ergebnisse konnten mit AgOTf (Eintrag 1) und $AgBF_4$ (Eintrag 3) erzielt werden. Beide Silbersalze ergaben ein Verhältnis von >99% mit isolierten Ausbeuten von 95% (Eintrag 1) und 90% (Eintrag 2) für das Additionsprodukt **B**. Das $AgSbF_6$ ergab ein Verhältnis von 18:82. Auch im Versuch ohne Silbersalz wurde das Additionsprodukt mehrheitlich gebildet. Wie auch für das Pentiolderivat **06** zeigt sich, dass der zusat eines Silber-Additivs für die Reaktion nötig ist.

Da der Goldkatalysator **AW-III** wasserlöslich ist, wurde im letzten Teil der Optimierungsreihe die Tandem Cycloisomerisierung-Hydroalkoxylierung in einem Ethanol/Wasser-Gemisch im Verhältnis von 1:1 durchgeführt (Schema 14).

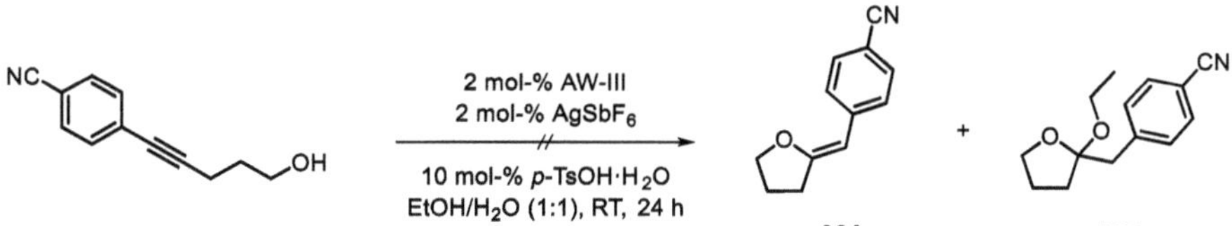

06A **06B**

Schema 14: Tandem Cycloisomerisierung-Hydroalkoxylierung in Wasser.

Bei Raumtemperatur konnte nach 24 h kein Umsatz festgestellt werden und das Edukt wurde reisoliert. Abschließend kann zusammengefasst werden, dass die Optimierung der Tandem Cycloisomerisierung-Hydroalkoxylierung erfolgreich durchgeführt werden konnte.

4. Zusammenfassung und Ausblick

Ziel dieser Bachelorarbeit war die Untersuchung der Tandem Cycloisomerisierung-Hydroalkoxylierung von verschiedenen Pent-4-in-1-ol Derivaten.

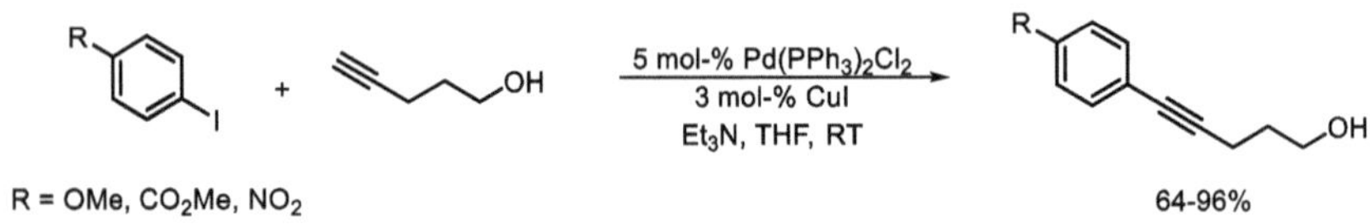

Schema 15: Sonogashira-Kupplungsreaktionen nach der erweiterten Methode von Krause *et al.*

Im ersten Teil der Arbeit konnten unterschiedliche Pent-4-in-1-ol Derivate durch eine SONOGASHIRA-Kupplung erfolgreich hergestellt werden. Dabei wurden Ausbeuten zwischen 64-96% erhalten (Schema 15).

Im Anschluss wurden die Pent-4-in-1-ol Derivate in der Tandem Cycloisomerisierung-Hydroalkoxylierung umgesetzt. Dabei zeigte sich, dass neben dem gewünschten Additionsprodukt **B**, das Nebenprodukt **A** aufgrund des ersten Gold-katalysierten Cyclus erhalten wird. Anhand einer Optimierungsreihe wurde versucht, die Bildung des Nebeproduktes zu minimieren (Schema 16).

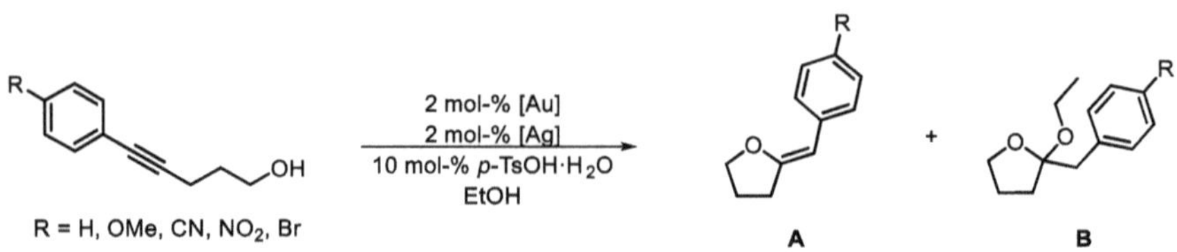

Schema 16: Tandem Cycloisomerisierung-Hydroalkoxylierung der Pent-4-in-1-ol Derivate.

Die verschiendenen Optimierungsversuche zeigten, dass unter Verwendung von **AW-III** als Goldkatalysator in Kombination mit AgOTf oder $AgBF_4$ das gewünschte Additionsprodukt mit einem Produktverhältnis von >99% erfolgreich erhalten werden konnte. Ein besonderes Merkmal des Additionsproduktes ist das neu entstehende Chiralitätszentrum (Abbildung 3).

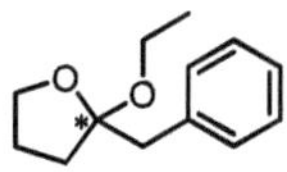

Abbildung 3: Chiralitätszentrum am Additionsprodukt **05B**.

Für künftige Untersuchungen der Tandem Cycloisomerisierung-Hydroalkoxylierung können unterschiedliche Reste am Aromaten unter optmierten Bedingungen untersucht werden. Ein weiterer zu betrachender Punkt ist die lange Reaktionszeit von 24 h, welche durch eine Temperaturerhöhung verkürzt werden kann, wie in Tabelle 3 (Eintrag 4) festgestellt wurde. Da es sich bei dem **AW-III** um einen chiralen Gold-Katalysator handelt und ein chirales Produkt entsteht, kann außerdem eine chirale Reaktion angestrebt werden.

5. Experimenteller Teil

5.1 Allgemeine Angaben

5.1.1 Analytische Methoden

NMR-Spektroskopie

NMR-Spektren wurden in $CDCl_3$ und C_6D_6 aufgenommen. Für ^{1}H- und ^{13}C-NMR-Spektroskopie wurden folgende Geräte verwendet: Avance III HD Spektrometer (500, 600 und 700 MHz Geräte) sowie DRX-500 (500 MHz) Spektrometer der Firma *Bruker*. Die chemische Verschiebung *δ* wird in ppm angegeben. Als interner Standard für die ^{1}H-NMR und ^{13}C-NMR-Spektren dienten die Signale von deuteriertem Chloroform (δ = 7.26 für ^{1}H-NMR, δ = 77.2 für ^{13}C-NMR) und deuteriertem Benzol (δ = 7.16 für ^{1}H-NMR, δ = 128.06 für ^{13}C-NMR). Alle ^{13}C-NMR-Spektren wurden unter ^{1}H-Breitbandentkopplung gemessen. Die Kopplunskonstante *J* wird in Hz angegeben.

Die Spinmultiplizitäten in den ^{1}H-NMR-Spektren werden wie folgt gekennzeichnet:

s	Singulett	d	Dublett	t	Triplett
q	Quartett	m	multiplett	dd	Dublett vom Dublett

Die Zuordnung der Signale in den ^{13}C-NMR- Spektren erfolgte anhand von DEPT-Spektren. Es werden folgende Abkürzungen verwendet:

s	$C_{quartär}$	d	CH
t	CH_2	q	CH_3

5.1.2 Chromatographische Verfahren

Zur Überprüfung des Reaktionsverlaufs wurden Dünnschichtchromatogramme angefertigt. Hierzu wurden DC-Fertigplatten der Firma Merck (Kieselgel 60 auf Aluminium, Fluoreszensindikator F_{254}) verwendet. Die Detektion erfolge durch Anfärben mit Anfärbereagenzien auf Kaliumpermanganat und Anisaldehydbasis.

Die Reinigung der Produkte erfolgte durch Flash-Säulenchromatographie. Dazu wurde Kieselgel 60 (Korngröße 40-63 µm) der Firma Macherey-Nagel als stationäre Phase verwendet. Gemische aus Cyclohexan und Ethylacetat dienten als Eluent.

5.1.3 Präparative Verfahren

Reaktionen mit luft- und feuchtigkeitsempfindlichen Substanzen wurden in ausgeheizten Glasapparaturen unter Argon als Schutzgas durchgeführt. Die Zugabe der Reagenzien erfolgte durch Injektion mit PE-Spritzen über ein Septum oder im Argon-Gegenstrom. Während der Reaktion wurde ständig ein geringer Argon-Überdruck gewährleistet. Die trockenen Lösungsmittel wurden einem Lösungsmittelsystem der Firma MBRAUN des Typs SPS-800 entnommen.

5.2 Allgemeine Arbeitsvorschriften

AAV 1: Allgemeine Arbeitsvorschrift zur Sonogashira-Kupplung

Unter Argonatmosphäre werden Arylhalogenid (1 eq.), Kupfer(I)-iodid (3 mol-%) und $Pd(PPh_3)_2Cl_2$ (5 mol-%) in abs. THF (2 mL/mmol) gelöst. Zu dieser Suspension wird Triethylamin (1.5 eq.) und Pent-4-In-1-ol (1.5 eq.) langsam zugetropft. Dio Reaktionslösung wird bis zum vollständigen Umsatz (DC-Kontrolle) bei Raumtemperatur gerührt. Das Lösungsmittel wird im Vakuum entfernt, der Rückstand in *n*-Pentan aufgenommen und über Celite filtriert. Anschließend wird das Lösungsmittel im Vakuum entfernt und das Produkt säulenchromatographisch aufgereinigt (Kieselgel, CH:EA = 6:1 → 3:1).

AAV 2: Allgemeine Arbeitsvorschrift zur Gold-katalysierten Cycloisomerisierung-Hydroalkoxylierung

Unter Argonatmosphäre wird der Gold-Katalysator (2 mol-%), das Silbersalz (2 mol-%) und *p*-Toluolsulfonsäuremonohydrat (10 mol-%) in abs. Ethanol (1 mL) gelöst. Anschließend wird das Pent-4-in-1-ol Derivat (1eq.) in Ethanol (1 mL) gelöst und der Reaktionslösung zugegeben. Es wird bis zum vollständigen Umsatz (DC-Kontrolle) bei Raumtemperatur gerührt und über Celite filtriert. Das Lösungsmittel wird im Vakuum entfernt und der Rückstand säulenchromatographisch aufgereinigt (Kieselgel, CH:EA = 15:1).

5.3 Arbeitsvorschriften und analytische Daten

Methyl-4-Iodbenzoat (01)

(AW-EC-08)

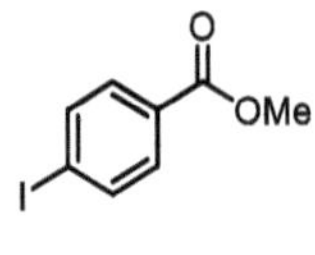

4-Iodbenzoesäure (3.00 g, 12.1 mmol, 1 eq.) wurde in MeOH (40 mL, 3.3 mL/mmol) gelöst und tropfenweise mit konz. H_2SO_4 (1.8 mL, 0.15 mL/mmol) versetzt. Die Reaktionslösung wurde 24 h bei Raumtemperatur gerüht. Das Lösungsmittel wurde im Vakuum entfernt und die wässrige Phase mit Dichlormethan (3x 40 mL) extrahiert. Die vereinigten organischen Phasen wurde mit aq. ges. $NaHCO_3$-Lösung (3x 20 mL) und Wasser (3x 20 mL) gewaschen und anschließend über $MgSO_4$ getrocknet. Das Lösungsmittel wurde im Vakuum entfernt und **01** als gelber Feststoff (2.98 g, 11.36 mmol, 94%) erhalten.

$\mathbf{R_f}$ (CH : EA = 1 : 1, Kaliumpermanganat) = 0.72.

^{1}H-NMR (500 MHz, $CDCl_3$): δ = 7.82 – 7.75 (dd, $^3J_{HH}$ = 30 Hz, 5 Hz, 4H, H_{Aryl}), 3.92 (s, 3H, $OC\underline{H}_3$).

^{13}C{^{1}H}-NMR (125 MHz, $CDCl_3$): δ = 166.61 (s, $\underline{C}O_2CH_3$), 137.71 (2d, C_{Aryl}), 131.02 (2d, C_{Aryl}), 129.58 (s, C_{Aryl}), 100.73 (s, $\underline{C}$I), 52.3 (q, $O\underline{C}H_3$).

5-(4-Methoxyphenyl)pent-4-in-1-ol (02)

(AW-EC-09)

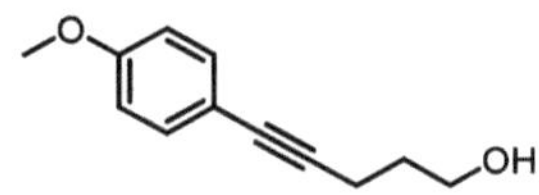

Nach AAV 1 wurde 4-Iodoanisol (2.00 g, 8.55 mmol, 1 eq.), CuI (48.8 mg, 0.26 mmol, 3 mol-%) und $Pd(PPh_3)_2Cl_2$ (300 mg, 0.43 mmol, 5 mol-%) in THF (17 mL) gelöst. Zur Reaktionslösung wurden Triethylamin (1.8 mL, 12.82 mmol, 1.5 eq.) und Pent-4-in-1-ol (1.2 mL, 12.82 mmol, 1.5 eq.) langsam zugetropft und 24 h gerührt. Nach säulenchromatographischer Aufreinigung (Kieselgel, CH:EA = 6:1 → 3:1) wurde **02** (1.04 g, 5.44 mmol, 64%) als orangener Feststoff erhalten.

R_f (CH : EA = 1 : 1, Anisaldehyd) = 0.29.

^{1}H-NMR (500 MHz, $CDCl_3$): δ = 7.34 (d, $^3J_{HH}$ = 5 Hz, 2H, H_{Aryl}), 6.82 (d, $^3J_{HH}$ = 10 Hz, 2H, H_{Aryl}), 3.84 (t, $^3J_{HH}$ = 5 Hz, 2H, 5-H), 3.81 (s, 3H, $OC\underline{H_3}$), 2.54 (t, $^3J_{HH}$ = 5 Hz, 2H, 3-H), 1.86 (qui, $^3J_{HH}$ = 5 Hz, 2H, 4-H).

^{13}C{^{1}H}-NMR (125 MHz, $CDCl_3$): δ = 159.10 (s, $\underline{C}OCH_3$), 132.86 (2d, C_{Aryl}), 115.79 (s, C_{Aryl}), 113.82 (2d, C_{Aryl}), 80.88 (s, C-1), 61.95 (t, C-5), 55.24 (q, $O\underline{C}H_3$), 31.42 (t, C-4), 16.01 (t, C-3).

Methyl-4-(5-hydroxypent-1-in-1-ol)benzoat (03)

(AW-EC-10)

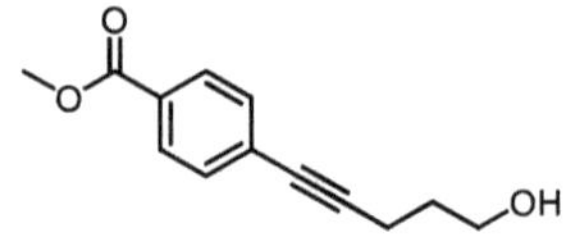

Gemäß AAV 1 wurde **01** (2.98 g, 11.36 mmol, 1 eq.), CuI (64.9 mg, 0.34 mmol, 3 mol-%) und $Pd(PPh_3)_2Cl_2$ (399 mg, 0.57 mmol, 5 mol-%) in THF (23 mL) gelöst. Zur Reaktionslösung wurden Et_3N (2.4 mL, 17.04 mmol, 1.5 eq.) und Pent-4-in-1-ol (1.6 mL, 17.04 mmol, 1.5 eq.) langsam zugetropft und 24 h gerührt. Nach säulenchromatographischer Aufreinigung (Kieselgel, CH:EA = 6:1 → 3:1) wurde **03** (2.37 g, 10.87 mmol, 96%) als orangener Feststoff erhalten.

R_f (CH : EA = 1 : 1, Anisaldehyd) = 0.33.

^{1}H-NMR (500 MHz, $CDCl_3$): δ = 7.97 (d, $^3J_{HH}$ = 5 Hz, 2H, H_{Aryl}), 7.45 (d, $^3J_{HH}$ = 10 Hz, 2H, H_{Aryl}), 3.92 (s, 3H, $OC\underline{H_3}$), 3.84 (q, $^3J_{HH}$ = 5 Hz, 2H, 5-H), 2.58 (t, $^3J_{HH}$ = 5 Hz, 2H, 3-H), 1.89 (qui, $^3J_{HH}$ = 5 Hz, 2H, 4-H).

^{13}C{^{1}H}-NMR (125 MHz, $CDCl_3$): δ = 166.67 (s, $\underline{C}O_2CH_3$), 131.51 (2d, C_{Aryl}), 129.45 (2d, C_{Aryl}), 128.56 (s, C_{Aryl}), 92.81 (s, C-2), 80.61 (s, C-1), 61.73 (t, C-5), 52.22 (q, $O\underline{C}H_3$), 31.24 (t, C-4), 16.09 (t, C-3).

5-(4-Nitrophenyl)pent-4-in-1-ol (04)

(AW-EC-11)

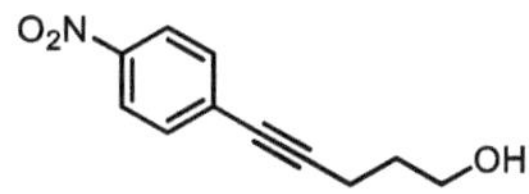

Gemäß AAV 1 wurde 1-Iod-4-nitrobenzol (2.00 g, 8.03 mmol, 1 eq.), CuI (45.9 mg, 0.24 mmol, 3 mol-%) und $Pd(PPh_3)_2Cl_2$ (282 mg, 0.40 mmol, 5 mol-%) in THF (16 mL) gelöst. Zur Reaktionslösung wurden Triethylamin (1.7 mL, 12.05 mmol, 1.5 eq.) und Pent-4-in-1-ol (1.1 mL, 12.05 mmol, 1.5 eq.) langsam zugetropft. Nach säulen-chromatographischer Aufreinigung (Kieselgel, CH:EA = 6:1 → 3:1) wurde **04** (1.26 g, 6.16 mmol, 77%) als orangener Feststoff erhalten.

R_f (CH : EA = 1 : 1, Anisaldehyd) = 0.32.

^{1}H-NMR (500 MHz, $CDCl_3$): δ = 8.14 (d, $^3J_{HH}$ = 5 Hz, 2H, H_{Aryl}), 7.51 (d, $^3J_{HH}$ = 10 Hz, 2H, H_{Aryl}), 3.82 (t, $^3J_{HH}$ = 5 Hz, 2H, 5-H), 2.59 (t, $^3J_{HH}$ = 5 Hz, 2H, 3-H), 1.88 (qui, $^3J_{HH}$ = 5 Hz, 2H, 4-H).

^{13}C{^{1}H}-NMR (125 MHz, $CDCl_3$): δ = 146.58 (s, $\underline{C}NO_2$), 132.22 (2d, C_{Aryl}), 130.82 (s, C_{Aryl}), 123.46 (2d, C_{Aryl}), 95.60 (s, C-2), 79.59 (s, C-1), 61.43 (t, C-5), 31.02 (t, C-4), 16.03 (t, C-3).

2-Benzyl-2-ethoxytetrahydrofuran (05B)

(AW-EC-12B)

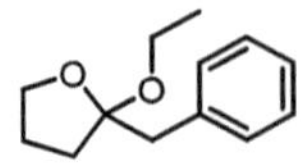

Gemäß AAV 2 wurde PPh_3AuCl (1.2 mg, 2.5 µmol, 2 mol-%), AgOTf (0.6 mg, 2.5 µmol, 2 mol-%) und *p*-Toluolsulfonsäuremonohydrat (2.4 mg, 12.5 µmol, 10 mol-%) in abs. EtOH (1 mL) gelöst. Anschließend wurde 5-Phenylpent-4-in-1-ol (20 mg, 125 µmol, 1 eq.) in EtOH (1 mL) zur Reaktionslösung gegeben. Nach säulenchromatographischer Aufreinigung (Kieselgel, CH:EA = 15:1) wurde **05B** (27.5 mg, 0.13 mmol, >99%) als farbloses Öl erhalten.

$\mathbf{R_f}$ (CH : EA = 1 : 1, Anisaldehyd) = 0.83.

^{1}H-NMR (500 MHz, C_6D_6): δ = 7.27 (d, $^3J_{HH}$ = 10 Hz, 2H, H_{Aryl}), 7.18 – 7.16 (m, 2H, H_{Aryl}), 7.09 (d, $^3J_{HH}$ = 5 Hz, 1H, H_{Aryl}), 3.76 – 3.72 (m, 1H, $OC\underline{H_2}CH_3$), 3.67 – 3.59 (m, 2H, $OC\underline{H_2}CH_3$/5-H), 3.54 – 3.48 (m, 1H, 5-H), 3.07 (d, $^3J_{HH}$ = 5 Hz, 2H, H_{Benzyl}), 1.80 – 1.70 (m, 2H, 3-H/4-H), 1.61 – 1.57 (m, 1H, 3-H/4-H), 1.30 – 1.24 (m, 1H, 3-H/4-H), 1.15 (t, $^3J_{HH}$ = 5 Hz, 3H, $CH_2C\underline{H_3}$).

^{13}C{^{1}H}-NMR (125 MHz, C_6D_6): δ = 130.99 (s, C_{Aryl}), 128.59 (2d, C_{Aryl}), 128.19 (2d, C_{Aryl}), 126.86 (s, C-2), 109.71 (s, C_{Aryl}), 68.24 (t, C-5), 56.46 (t, $O\underline{C}H_2CH_3$), 41.98 (t, C_{Benzyl}), 35.69 (t, C-3), 25.04 (t, C-4), 16.38 (q, $OCH_2\underline{C}H_3$).

2-Benzyl-2-ethoxytetrahydrofuran (05B)

(AW-EC-32)

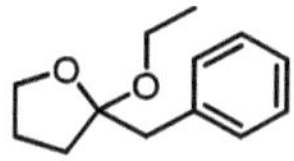

Nach AAV 2 wurde **AW-III** (1.6 mg, 2.5 µmol, 2 mol-%) und *p*-Toluolsulfonsäure-monohydrat (2.4 mg, 12.5 µmol, 10 mol-%) in abs. EtOH (1 mL) gelöst. Anschließend wurde 5-Phenylpent-4-in-1-ol (20 mg, 125 µmol, 1 eq.) in EtOH (1 mL) zur Reaktionslösung gegeben. Nach säulenchromatographischer Aufreinigung (Kieselgel, CH:EA = 15:1) wurde **05B** (9.2 mg, 0.04 mmol, 36%) als farbloses Öl erhalten.

$\mathbf{R_f}$ (CH : EA = 1 : 1, Anisaldehyd) = 0.83.

^{1}H-NMR (700 MHz, C_6D_6): δ = 7.27 (d, $^3J_{HH}$ = 7 Hz, 2H, H_{Aryl}), 7.18 – 7.17 (m, 2H, H_{Aryl}), 7.09 (d, $^3J_{HH}$ = 7 Hz, 1H, H_{Aryl}), 3.76 – 3.73 (m, 1H, $OC\underline{H_2}CH_3$), 3.65 – 3.60 (m, 2H, $OC\underline{H_2}CH_3$/5-H), 3.53 – 3.50 (m, 1H, 5-H), 3.07 (d, $^3J_{HH}$ = 7 Hz, 2H, H_{Benzyl}), 1.79 – 1.72 (m, 2H, 3-H/4-H), 1.61 – 1.57 (m, 1H, 3-H/4-H), 1.30 – 1.25 (m, 1H, 3-H/4-H), 1.15 (t, $^3J_{HH}$ = 7 Hz, 3H, $CH_2C\underline{H_3}$).

^{13}C{^{1}H}-NMR (175 MHz, C_6D_6): δ = 130.29 (s, C_{Aryl}), 127.98 (2d, C_{Aryl}), 127.92 (2d, C_{Aryl}), 126.15 (s, C-2), 109.03 (s, C_{Aryl}), 67.55 (t, C-5), 55.78 (t, $O\underline{C}H_2CH_3$), 41.32 (t, C_{Benzyl}), 35.01 (t, C-3), 24.35 (t, C-4), 15.68 (q, $OCH_2\underline{C}H_3$).

2-Benzyl-2-ethoxytetrahydrofuran (05B)

(AW-EC-33)

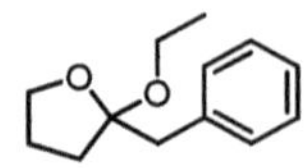

Gemäß AAV 2 wurde **AW-III** (1.6 mg, 2.5 µmol, 2 mol-%), $AgSbF_6$ (0.9 mg, 2.5 µmol, 2 mol-%) und *p*-Toluolsulfonsäuremonohydrat (2.4 mg, 12.5 µmol, 10 mol-%) in abs. EtOH (1 mL) gelöst. Anschließend wurde 5-Phenylpent-4-in-1-ol (20 mg, 125 µmol, 1 eq.) in EtOH (1 mL) zur Reaktionslösung gegeben. Nach säulenchromatographischer Aufreinigung (Kieselgel, CH:EA = 15:1) wurde **05B** (31.6 mg, 0.15 mmol, >99%) als farbloses Öl erhalten.

R_f (CH : EA = 1 : 1, Anisaldehyd) = 0.83.

^{1}H-NMR (700 MHz, C_6D_6): δ = 7.27 (d, $^3J_{HH}$ = 7 Hz, 2H, H_{Aryl}), 7.18 – 7.17 (m, 2H, H_{Aryl}), 7.09 (d, $^3J_{HH}$ = 7 Hz, 1H, H_{Aryl}), 3.76 – 3.73 (m, 1H, $OC\underline{H_2}CH_3$), 3.66 – 3.60 (m, 2H, $OC\underline{H_2}CH_3$/5-H), 3.54 – 3.49 (m, 1H, 5-H), 3.07 (d, $^3J_{HH}$ = 7 Hz, 2H, H_{Benzyl}), 1.79 – 1.73 (m, 2H, 3-H/4-H), 1.61 – 1.57 (m, 1H, 3-H/4-H), 1.29 – 1.27 (m, 1H, 3-H/4-H), 1.14 (t, $^3J_{HH}$ = 7 Hz, 3H, $CH_2C\underline{H_3}$).

$^{13}C\{^1H\}$-NMR (175 MHz, C_6D_6): δ = 130.85 (s, C_{Aryl}), 128.39 (2d, C_{Aryl}), 128.25 (2d, C_{Aryl}), 126.72 (s, C-2), 109.60 (s, C_{Aryl}), 68.12 (t, C-5), 56.34 (t, $O\underline{C}H_2CH_3$), 41.88 (t, C_{Benzyl}), 35.57 (t, C-3), 24.92 (t, C-4), 16.25 (q, $OCH_2\underline{C}H_3$).

2-Benzyl-2-ethoxytetrahydrofuran (05B)

(AW-EC-43)

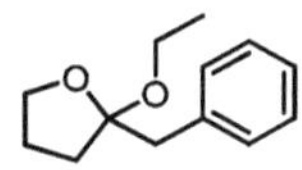

Nach AAV 2 wurde **AW-III** (1.6 mg, 2.5 µmol, 2 mol-%), AgOTf (0.6 mg, 2.5 µmol, 2 mol-%) und *p*-Toluolsulfonsäuremonohydrat (2.4 mg, 12.5 µmol, 10 mol-%) in abs. EtOH (1 mL) gelöst. Anschließend wurde 5-Phenylpent-4-in-1-ol (20 mg, 125 µmol, 1 eq.) in EtOH (1 mL) zur Reaktionslösung gegeben. Nach säulenchromatographischer Aufreinigung (Kieselgel, CH:EA = 15:1) wurde **05B** (24.5 mg, 0.12 mmol, 95%) als farbloses Öl erhalten.

R_f (CH : EA = 1 : 1, Anisaldehyd) = 0.83.

^{1}H-NMR (500 MHz, C_6D_6): δ = 7.26 (d, $^3J_{HH}$ = 10 Hz, 2H, H_{Aryl}), 7.19 – 7.18 (m, 2H, H_{Aryl}), 7.11 – 7.08 (m, 1H, H_{Aryl}), 3.76 – 3.72 (m, 1H, $OC\underline{H_2}CH_3$), 3.67 – 3.59 (m, 2H, $OC\underline{H_2}CH_3$/5-H), 3.54 – 3.48 (m, 1H, 5-H), 3.07 (d, $^3J_{HH}$ = 5 Hz, 2H, H_{Benzyl}), 1.80 – 1.71 (m, 2H, 3-H/4-H), 1.61 – 1.54 (m, 1H, 3-H/4-H), 1.30 – 1.26 (m, 1H, 3-H/4-H), 1.15 (t, $^3J_{HH}$ = 5 Hz, 3H, $CH_2C\underline{H_3}$).

^{13}C{^{1}H}-NMR (125 MHz, C_6D_6): δ = 130.80 (s, C_{Aryl}), 128.19 (2d, C_{Aryl}), 128.01 (2d, C_{Aryl}), 126.66 (s, C-2), 109.52 (s, C_{Aryl}), 68.06 (t, C-5), 56.27 (t, $O\underline{C}H_2CH_3$), 41.79 (t, C_{Benzyl}), 35.49 (t, C-3), 24.84 (t, C-4), 16.19 (q, $OCH_2\underline{C}H_3$).

2-Benzyl-2-ethoxytetrahydrofuran (05B)

(AW-EC-44)

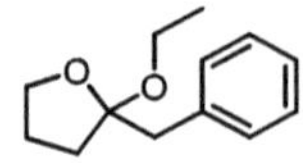

Gemäß AAV 2 wurde **AW-III** (1.6 mg, 2.5 µmol, 2 mol-%), $AgBF_4$ (0.5 mg, 2.5 µmol, 2 mol-%) und *p*-Toluolsulfonsäuremonohydrat (2.4 mg, 12.5 µmol, 10 mol-%) in abs. EtOH (1 mL) gelöst. Anschließend wurde 5-Phenylpent-4-in-1-ol (20 mg, 125 µmol, 1 eq.) in EtOH (1 mL) zur Reaktionslösung gegeben. Nach säulenchromatographischer Aufreinigung (Kieselgel, CH:EA = 15:1) wurde **05B** (23.1 mg, 0.11 mmol, 90%) als farbloses Öl erhalten.

R_f (CH : EA = 1 : 1, Anisaldehyd) = 0.83.

^{1}H-NMR (500 MHz, C_6D_6): δ = 7.27 (d, $^3J_{HH}$ = 10 Hz, 2H, H_{Aryl}), 7.19 – 7.18 (m, 2H, H_{Aryl}), 7.09 (d, $^3J_{HH}$ = 5 Hz, 1H, H_{Aryl}), 3.76 – 3.72 (m, 1H, $OC\underline{H_2}CH_3$), 3.67 – 3.59 (m, 2H, $OC\underline{H_2}CH_3$/5-H), 3.54 – 3.49 (m, 1H, 5-H), 3.07 (d, $^3J_{HH}$ = 5 Hz, 2H, H_{Benzyl}), 1.80 – 1.74 (m, 2H, 3-H/4-H), 1.60 – 1.57 (m, 1H, 3-H/4-H), 1.29 – 1.27 (m, 1H, 3-H/4-H), 1.15 (t, $^3J_{HH}$ = 5 Hz, 3H, $CH_2C\underline{H_3}$).

^{13}C{^{1}H}-NMR (125 MHz, C_6D_6): δ = 130.30 (s, C_{Aryl}), 127.70 (2d, C_{Aryl}), 127.52 (2d, C_{Aryl}), 126.17 (s, C-2), 109.03 (s, C_{Aryl}), 67.57 (t, C-5), 55.78 (t, $O\underline{C}H_2CH_3$), 41.30 (t, C_{Benzyl}), 35.00 (t, C-3), 24.36 (t, C-4), 15.70 (q, $OCH_2\underline{C}H_3$).

4-((2-Ethoxytetrahydrofuran-2-yl)methyl)benzonitril (06B)

(AW-EC-14B2)

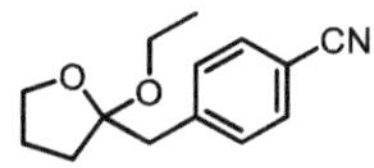

Gemäß AAV 2 wurde PPh_3AuCl (1.1 mg, 2.2 µmol, 2 mol-%), AgOTf (0.6 mg, 2.2 µmol, 2 mol-%) und *p*-Toluolsulfonsäuremonohydrat (2.1 mg, 10.8 µmol, 10 mol-%) in abs. EtOH (1 mL) gelöst. Anschließend wurde 4-(5-Hydroxypent-1-inyl)benzonitril (20 mg, 108 µmol, 1 eq.) in EtOH (1 mL) zur Reaktionslösung gegeben. Nach säulenchromatographischer Aufreinigung (Kieselgel, CH:EA = 15:1) wurde **06B** (34.8 mg, 0.15 mmol, >99%) als gelbes Öl erhalten.

R_f (CH : EA = 1 : 1, Anisaldehyd) = 0.85.

^{1}H-NMR (700 MHz, C_6D_6): δ = 7.04 (d, $^3J_{HH}$ = 7 Hz, 2H, H_{Aryl}), 6.87 (d, $^3J_{HH}$ = 7 Hz, 2H, H_{Aryl}), 3.67 (q, $^3J_{HH}$ = 7 Hz, 1H, $OC\underline{H_2}CH_3$), 3.53 – 3.49 (m, 2H, $OC\underline{H_2}CH_3$/5-H), 3.34 (t, $^3J_{HH}$ = 7 Hz, 1H, 5-H), 2.79 (q, $^3J_{HH}$ = 7 Hz, 2H, H_{Benzyl}), 1.70 – 1.61 (m, 2H, 3 H/4-H), 1.30 – 1.18 (m, 2H, 3-H/4-H), 1.09 (t, $^3J_{HH}$ = 7 Hz, 3H, $CH_2C\underline{H_3}$).

^{13}C{^{1}H}-NMR (175 MHz, C_6D_6): δ = 143.54 (s, C_{Aryl}), 132.15 (2d, C_{Aryl}), 131.49 (2d, C_{Aryl}), 119.53 (s, $\underline{C}N$), 111.32 (s, C-2), 109.15 (s, C_{Aryl}-CN), 68.48 (t, C-5), 56.71 (t, $O\underline{C}H_2CH_3$), 42.17 (t, C_{Benzyl}), 35.73 (t, C-3), 25.11 (t, C-4), 16.36 (q, $OCH_2\underline{C}H_3$).

4-((2-Ethoxytetrahydrofuran-2-yl)methyl)benzonitril (06B)

(AW-EC-22B)

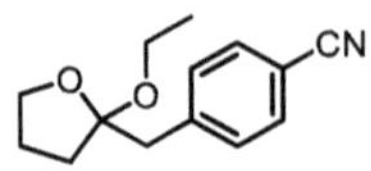

Nach AAV 2 wurde **AW-III** (1.4 mg, 2.2 µmol, 2 mol-%), AgOTf (0.6 mg, 2.2 µmol, 2 mol-%) und *p*-Toluolsulfonsäuremonohydrat (2.1 mg, 10.8 µmol, 10 mol-%) in abs. EtOH (1 mL) gelöst. Anschließend wurde 4-(5-Hydroxypent-1-inyl)benzonitril (20 mg, 108 µmol, 1 eq.) in EtOH (1 mL) zur Reaktionslösung gegeben. Nach säulenchromatographischer Aufreinigung (Kieselgel, CH:EA = 15:1) wurde **06B** (19.6 mg, 0.09 mmol, 79%) als gelbes Öl erhalten.

R_f (CH : EA = 1 : 1, Anisaldehyd) = 0.85.

^{1}H-NMR (600 MHz, C_6D_6): δ = 7.03 (d, $^3J_{HH}$ = 6 Hz, 2H, H_{Aryl}), 6.86 (d, $^3J_{HH}$ = 6 Hz, 2H, H_{Aryl}), 3.67 (q, $^3J_{HH}$ = 6 Hz, 1H, OC$\underline{H_2}$CH$_3$), 3.53 – 3.48 (m, 2H, OC$\underline{H_2}$CH$_3$/5-H), 3.34 (t, $^3J_{HH}$ = 6 Hz, 1H, 5-H), 2.78 (q, $^3J_{HH}$ = 6 Hz, 2H, H_{Benzyl}), 1.70 – 1.60 (m, 2H, 3-H/4-H), 1.29 – 1.20 (m, 2H, 3-H/4-H), 1.09 (t, $^3J_{HH}$ = 6 Hz, 3H, CH$_2$C$\underline{H_3}$).

^{13}C{^{1}H}-NMR (150 MHz, C_6D_6): δ = 143.21 (s, C_{Aryl}), 131.85 (2d, C_{Aryl}), 131.17 (2d, C_{Aryl}), 119.21 (s, $\underline{C}$N), 111.05 (s, C-2), 108.84 (s, C_{Aryl}-CN), 68.17 (t, C-5), 56.39 (t, O$\underline{C}$H$_2$CH$_3$), 41.85 (t, C_{Benzyl}), 35.43 (t, C-3), 24.80 (t, C-4), 16.06 (q, OCH$_2\underline{C}$H$_3$).

4-((2-Ethoxytetrahydrofuran-2-yl)methyl)benzonitril (06B)

(AW-EC-23B)

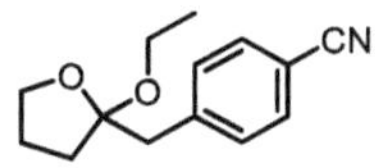

Gemäß AAV 2 wurde **AW-III** (1.4 mg, 2.2 µmol, 2 mol-%), $AgSbF_6$ (0.7 mg, 2.2 µmol, 2 mol-%) und *p*-Toluolsulfonsäuremonohydrat (2.1 mg, 10.8 µmol, 10 mol-%) in abs. EtOH (1 mL) gelöst. Anschließend wurde 4-(5-Hydroxypent-1-inyl)benzonitril (20 mg, 108 µmol, 1 eq.) in EtOH (1 mL) zur Reaktionslösung gegeben. Nach säulenchromatographischer Aufreinigung (Kieselgel, CH:EA = 15:1) wurde **06B** (26.2 mg, 0.11 mmol, >99%) als gelbes Öl erhalten.

$\mathbf{R_f}$ (CH : EA = 1 : 1, Anisaldehyd) = 0.85.

^{1}H-NMR (600 MHz, C_6D_6): δ = 7.03 (d, $^3J_{HH}$ = 6 Hz, 2H, H_{Aryl}), 6.87 (d, $^3J_{HH}$ = 6 Hz, 2H, H_{Aryl}), 3.67 (q, $^3J_{HH}$ = 6 Hz, 1H, $OC\underline{H_2}CH_3$), 3.52 – 3.48 (m, 2H, $OC\underline{H_2}CH_3$/5-H), 3.34 (t, $^3J_{HH}$ = 6 Hz, 1H, 5-H), 2.78 (q, $^3J_{HH}$ = 6 Hz, 2H, H_{Benzyl}), 1.70 – 1.67 (m, 1H, 3-H/4-H), 1.74 – 1.60 (m, 1H, 3-H/4-H), 1.30 – 1.20 (m, 2H, 3-H/4-H), 1.09 (t, $^3J_{HH}$ = 6 Hz, 3H, $CH_2C\underline{H_3}$).

^{13}C{^{1}H}-NMR (150 MHz, C_6D_6): δ = 143.55 (s, C_{Aryl}), 132.18 (2d, C_{Aryl}), 131.51 (2d, C_{Aryl}), 119.54 (s, $\underline{C}N$), 111.36 (s, C-2), 109.17 (s, C_{Aryl}-CN), 68.49 (t, C-5), 56.72 (t, $O\underline{C}H_2CH_3$), 42.18 (t, C_{Benzyl}), 35.76 (t, C-3), 25.13 (t, C-4), 16.38 (q, $OCH_2\underline{C}H_3$).

4-((2-Ethoxytetrahydrofuran-2-yl)methyl)benzonitril (06B)

(AW-EC-24B)

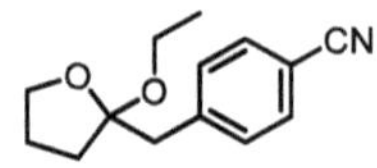

Nach AAV 2 wurde **AW-III** (1.4 mg, 2.2 µmol, 2 mol-%), $AgBF_4$ (0.4 mg, 2.2 µmol, 2 mol-%) und *p*-Toluolsulfonsäuremonohydrat (2.1 mg, 10.8 µmol, 10 mol-%) in abs. EtOH (1 mL) gelöst. Anschließend wurde 4-(5-Hydroxypent-1-inyl)benzonitril (20 mg, 108 µmol, 1 eq.) in EtOH (1 mL) zur Reaktionslösung gegeben. Nach säulenchromatographischer Aufreinigung (Kieselgel, CH:EA = 15:1) wurde **06B** (29.1 mg, 0.13 mmol, >99%) als gelbes Öl erhalten.

R_f (CH : EA = 1 : 1, Anisaldehyd) = 0.85.

^{1}H-NMR (600 MHz, C_6D_6): δ = 7.03 (d, $^3J_{HH}$ = 6 Hz, 2H, H_{Aryl}), 6.87 (d, $^3J_{HH}$ = 6 Hz, 2H, H_{Aryl}), 3.66 (q, $^3J_{HH}$ = 6 Hz, 1H, $O\underline{CH_2}CH_3$), 3.53 – 3.48 (m, 2H, $O\underline{CH_2}CH_3$/5-H), 3.34 (t, $^3J_{HH}$ = 6 Hz, 1H, 5-H), 2.79 (q, $^3J_{HH}$ = 6 Hz, 2H, H_{Benzyl}), 1.70 – 1.67 (m, 1H, 3-H/4-H), 1.74 – 1.60 (m, 1H, 3-H/4-H), 1.30 – 1.17 (m, 2H, 3-H/4-H), 1.09 (t, $^3J_{HH}$ = 6 Hz, 3H, $CH_2C\underline{H_3}$).

^{13}C{^{1}H}-NMR (150 MHz, C_6D_6): δ = 143.23 (s, C_{Aryl}), 131.86 (2d, C_{Aryl}), 131.19 (2d, C_{Aryl}), 119.22 (s, $\underline{C}N$), 111.04 (s, C-2), 108.85 (s, C_{Aryl}-CN), 68.17 (t, C-5), 56.41 (t, $O\underline{C}H_2CH_3$), 41.86 (t, C_{Benzyl}), 35.44 (t, C-3), 24.81 (t, C-4), 16.06 (q, $OCH_2\underline{C}H_3$).

4-((2-Ethoxytetrahydrofuran-2-yl)methyl)benzonitril (06B)

(AW-EC-38)

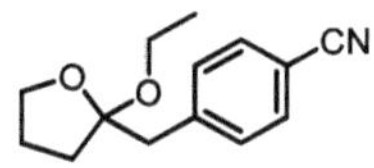

Gemäß AAV 2 wurde **AW-III** (1.4 mg, 2.2 µmol, 2 mol-%) und *p*-Toluolsulfonsäure-monohydrat (2.1 mg, 10.8 µmol, 10 mol-%) in abs. EtOH (1 mL) gelöst. Anschließend wurde 4-(5-Hydroxypent-1-inyl)benzonitril (20 mg, 108 µmol, 1 eq.) in EtOH (1 mL) zur Reaktionslösung gegeben. Nach säulenchromatographischer Aufreinigung (Kieselgel, CH:EA = 15:1) wurde **06B** (5.1 mg, 0.02 mmol, 20%) als gelbes Öl erhalten.

R$_f$ (CH : EA = 1 : 1, Anisaldehyd) = 0.85.

^{1}H-NMR (700 MHz, C_6D_6): δ = 7.02 (d, $^3J_{HH}$ = 7 Hz, 2H, H_{Aryl}), 6.85 (d, $^3J_{HH}$ = 7 Hz, 2H, H_{Aryl}), 3.66 – 3.64 (q, 1H, OC$\underline{H_2}$CH$_3$), 3.51 – 3.47 (m, 2H, OC$\underline{H_2}$CH$_3$/5-H), 3.35 – 3.33 (t, 1H, 5-H), 2.78 (q, $^3J_{HH}$ = 7 Hz, 2H, H_{Benzyl}), 1.69 – 1.60 (m, 2H, 3-H/4-H), 1.27 – 1.22 (m, 2H, 3-H/4-H), 1.09 (t, $^3J_{HH}$ = 6 Hz, 3H, CH$_2$C$\underline{H_3}$).

^{13}C{^{1}H}-NMR (150 MHz, C_6D_6): δ = 143.47 (s, C_{Aryl}), 132.15 (2d, C_{Aryl}), 131.46 (2d, C_{Aryl}), 119.50 (s, $\underline{C}$N), 111.37 (s, C-2), 109.13 (s, C_{Aryl}-CN), 68.46 (t, C-5), 56.69 (t, O$\underline{C}$H$_2$CH$_3$), 42.15 (t, C_{Benzyl}), 35.73 (t, C-3), 25.10 (t, C-4), 16.36 (q, OCH$_2\underline{C}$H$_3$).

2-Ethoxy-2-(4-nitrobenzyl)tetrahydrofuran (07B)

(AW-EC-19B2)

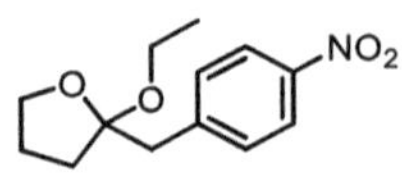

Nach AAV 2 wurde PPh_3AuCl (1 mg, 2.0 µmol, 2 mol-%), AgOTf (0.5 mg, 2.0 µmol, 2 mol-%) und *p*-Toluolsulfonsäuremonohydrat (1.9 mg, 9.8 µmol, 10 mol-%) in abs. EtOH (1 mL) gelöst. Anschließend wurde 4-(5-Hydroxypent-1-inyl)benzonitril (20 mg, 97.5 µmol, 1 eq.) in EtOH (1 mL) zur Reaktionslösung gegeben. Nach säulenchromatographischer Aufreinigung (Kieselgel, CH:EA = 15:1) wurde **07B** (23 mg, 0.09 mmol, 94%) als gelbes Öl erhalten.

R_f (CH : EA = 1 : 1, Anisaldehyd) = 0.73.

^{1}H-NMR (500 MHz, C_6D_6): δ = 7.84 (d, $^3J_{HH}$ = 10 Hz, 2H, H_{Aryl}), 6.89 (d, $^3J_{HH}$ = 10 Hz, 2H, H_{Aryl}), 3.69 – 3.65 (m, 1H, $O\underline{CH_2}CH_3$), 3.55 – 3.49 (m, 2H, $O\underline{CH_2}CH_3$/5-H), 3.37 – 3.31 (m, 1H, 5-H), 2.80 (q, $^3J_{HH}$ = 5 Hz, 2H, H_{Benzyl}), 1.72 – 1.61 (m, 2H, 3-H/4-H), 1.31 – 1.23 (m, 2H, 3-H/4-H), 1.10 (t, $^3J_{HH}$ = 5 Hz, 3H, $CH_2\underline{CH_3}$).

$^{13}C\{^1H\}$-NMR (125 MHz, C_6D_6): δ = 147.20 (s, $\underline{C}NO_2$), 145.37 (s, C_{Aryl}), 131.14 (2d, C_{Aryl}), 123.30 (2d, C_{Aryl}), 108.73 (s, C-2), 68.17 (t, C-5), 56.39 (t, $O\underline{C}H_2CH_3$), 41.54 (t, C_{Benzyl}), 35.41 (t, C-3), 24.78 (t, C-4), 16.03 (q, $OCH_2\underline{C}H_3$).

2-Ethoxy-2-(4-methoxybenzyl)tetrahydrofuran (08B)

(AW-EC-45)

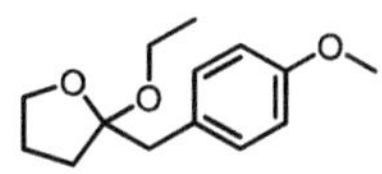

Gemäß AAV 2 wurde PPh_3AuCl (1.1 mg, 2.2 µmol, 2 mol-%), AgOTf (0.6 mg, 2.2 µmol, 2 mol-%) und *p*-Toluolsulfonsäuremonohydrat (2.1 mg, 10.8 µmol, 10 mol-%) in abs. EtOH (1 mL) gelöst. Anschließend wurde 5-(4-Methoxyphenyl)pent-4-in-1-ol (20 mg, 108 µmol, 1 eq.) in EtOH (1 mL) zur Reaktionslösung gegeben. Nach säulenchromatographischer Aufreinigung (Kieselgel, CH:EA = 15:1) wurde **08B** als gelbes Öl erhalten.

R_f (CH : EA = 1 : 1, Anisaldehyd) = 0.88.

^{1}H-NMR (500 MHz, C_6D_6): δ = 7.20 (d, $^3J_{HH}$ = 5 Hz, 2H, H_{Aryl}), 6.86 (d, $^3J_{HH}$ = 5 Hz, 2H, H_{Aryl}), 3.78 – 3.76 (q, 2H, 5-H), 3.67 – 3.64 (m, 2H, OC$\underline{H_2}$CH$_3$), 3.33 (s, 3H, OC$\underline{H_3}$), 3.06 (q, $^3J_{HH}$ = 5 Hz, 2H, H_{Benzyl}), 2.11 – 2.08 (m, 2H, 3-H/4-H), 1.82 – 1.74 (m, 2H, 3-H/4-H), 1.17 (t, $^3J_{HH}$ = 5 Hz, 3H, CH$_2$C$\underline{H_3}$).

^{13}C{^{1}H}-NMR (125 MHz, C_6D_6): δ = 159.17 (s, C_{Aryl}-OCH$_3$), 131.89 (2d, C_{Aryl}), 130.48 (2d, C_{Aryl}), 127.80 (s, C_{Aryl}), 109.94 (s, C-2), 68.29 (t, C-5), 56.47 (t, O$\underline{C}$H$_2$CH$_3$), 55.05 (q, O$\underline{C}$H$_3$), 41.13 (t, C_{Benzyl}), 35.65 (t, C-3), 25.12 (t, C-4), 16.44 (q, OCH$_2\underline{C}$H$_3$).

2-(4-Bromobenzyl)-2-ethoxytetrahydrofuran (09B)

(AW-EC-20B)

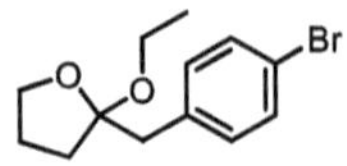

Gemäß AAV 2 wurde PPh_3AuCl (0.8 mg, 1.7 µmol, 2 mol-%), AgOTf (0.4 mg, 1.7 µmol, 2 mol-%) und *p*-Toluolsulfonsäuremonohydrat (1.6 mg, 8.4 µmol, 10 mol-%) in abs. EtOH (1 mL) gelöst. Anschließend wurde 5-(4-Bromophenyl)pent-4-yn-1-ol (20 mg, 83.6 µmol, 1 eq.) in EtOH (1 mL) zur Reaktionslösung gegeben. Nach säulenchromatographischer Aufreinigung (Kieselgel, CH:EA = 15:1) wurde **09B** (6.1 mg, 0.02 mmol, 26%) als gelbes Öl erhalten.

R_f (CH : EA = 1 : 1, Anisaldehyd) = 0.82.

^{1}H-NMR (500 MHz, C_6D_6): δ = 7.49 (d, $^3J_{HH}$ = 5 Hz, 2H, H_{Aryl}), 7.27 (d, $^3J_{HH}$ = 5 Hz, 2H, H_{Aryl}), 3.62 (t, $^3J_{HH}$ = 5 Hz, 1H, 5-H), 3.59 – 3.54 (m, 2H, $OC\underline{H_2}CH_3$), 2.85 (q, $^3J_{HH}$ = 5 Hz, 2H, H_{Benzyl}), 2.08 (t, $^3J_{HH}$ = 5 Hz, 2H, 3-H), 1.70 – 1.65 (m, 2H, 4-H), 1.12 (t, $^3J_{HH}$ = 5 Hz, 3H, $CH_2C\underline{H_3}$).

^{13}C{^{1}H}-NMR (125 MHz, C_6D_6): δ = 137.62 (s, C_{Aryl}), 132.88 (2d, C_{Aryl}), 132.12 (2d, C_{Aryl}), 129.79 (s, C_{Aryl}-Br), 118.78 (s, C-2), 72.56 (t, C-5), 56.67 (t, $O\underline{C}H_2CH_3$), 41.48 (t, C_{Benzyl}), 35.75 (t, C-3), 25.20 (t, C-4), 16.51 (q, $OCH_2\underline{C}H_3$).